图书在版编目（CIP）数据

一只海龟的旅程 /（日）河崎俊一著；程雨枫译 . —— 济南：
山东文艺出版社，2020.6

ISBN 978-7-5329-6076-7

Ⅰ . ①一… Ⅱ . ①河… ②程… Ⅲ . ①海龟 – 儿童读
物 Ⅳ . ① Q959.6-49

中国版本图书馆 CIP 数据核字 (2020) 第 024145 号

著作权登记图字：15-2020-144

Umigameguri
Copyright © 2017 by Shunichi Kawasaki
First published in Japan in 2017 by Kasetsu-sha Co., Ltd., Tokyo
Simplified Chinese translation rights arranged with Kasetsu-sha Co., Ltd.
Through Japan Foreign-Rights Centre/ Bardon-Chinese Media Agency

一只海龟的旅程

（日）河崎俊一 著

程雨枫 译

责任编辑 吕月兰		**特邀编辑** 余雯婧　黄　刚	
装帧设计 陈　玲		**内文制作** 陈　玲	

主管单位 山东出版传媒股份有限公司
出　版 山东文艺出版社
社　址 山东省济南市英雄山路189号
邮　编 250002
网　址 www.sdwypress.com
发　行 新经典发行有限公司　电话（010）68423599

读者服务 0531-82098776（总编室）
　　　　　 0531-82098775（市场营销部）
电子邮箱 sdwy@sdpress.com.cn

印　刷 天津图文方嘉印刷有限公司
开　本 787mm×1092mm　1/12
印　张 $4\frac{2}{3}$
字　数 5千
版　次 2020年6月第1版
印　次 2020年6月第1次印刷
书　号 ISBN 978-7-5329-6076-7
定　价 59.00元

一只海龟的旅程

[日]河崎俊一 著　程雨枫 译

回过神来才发现，我已经出生了。

山东文艺出版社

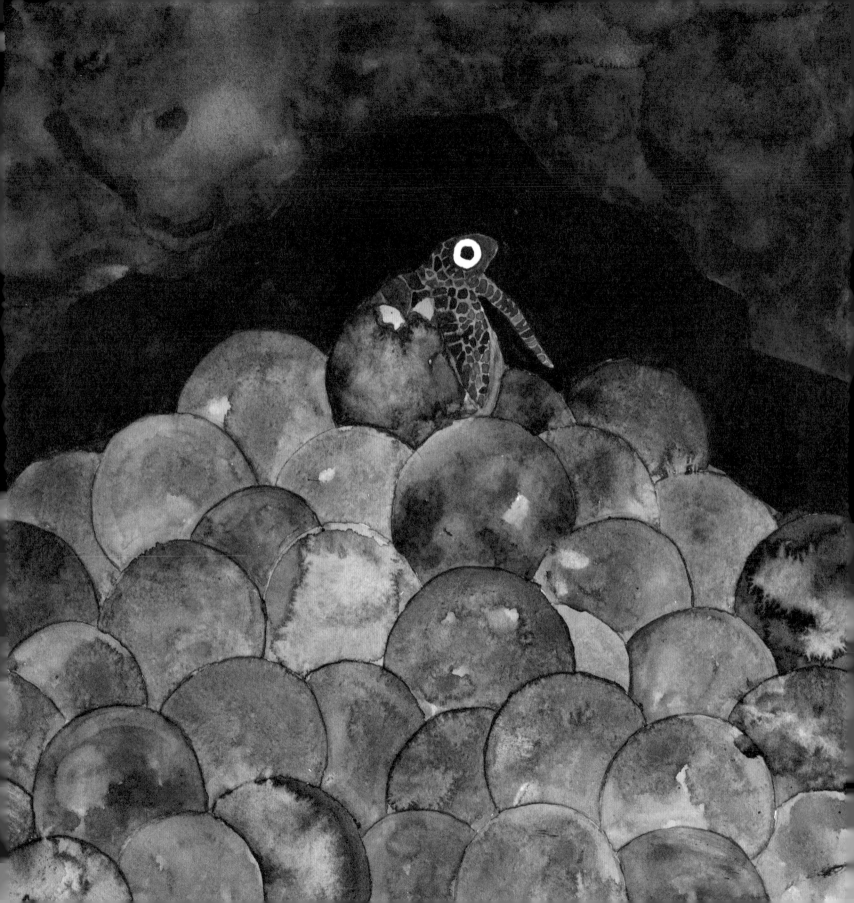

这里是海滩上的沙坑，

这些圆圆的东西是海龟蛋。

侧耳倾听——

咚！咚！咚咚！

是谁在敲打蛋壳？

咚咚！咚！咚！

好像有谁在回应着。

咔嚓——啪嚓——咔嚓——啪嚓——

清脆的破壳声是海龟来到这个世界上发出的第一声。

生命就是这样后知后觉。

当我意识到时，就已经出生了。

我从沙坑里爬出来。

太阳公公散发着耀眼的光芒。

它的下面是一个波光粼粼的水洼。

一个名叫大海的水洼。

我向着大海爬过去。

我不知道那是什么地方，但我感觉我对它很熟悉。

喂，你知道大海是什么吗？

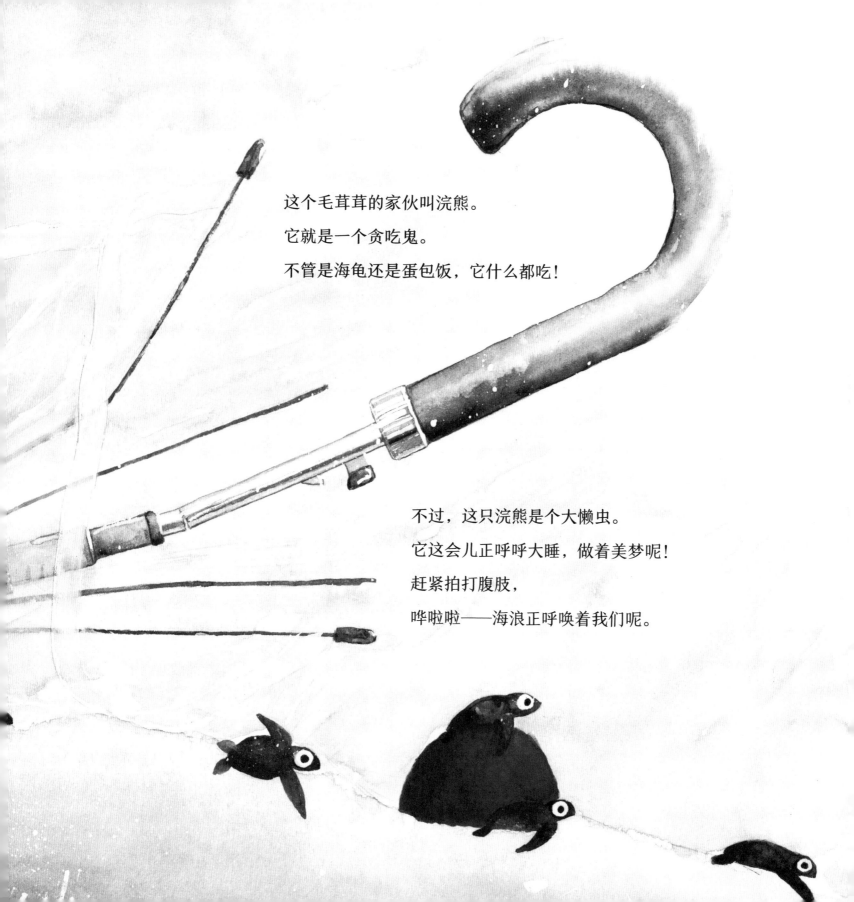

这个毛茸茸的家伙叫浣熊。

它就是一个贪吃鬼。

不管是海龟还是蛋包饭，它什么都吃！

不过，这只浣熊是个大懒虫。

它这会儿正呼呼大睡，做着美梦呢！

赶紧拍打腹肢，

哗啦啦——海浪正呼唤着我们呢。

沙沙，沙沙，沙沙，沙沙——

身后传来了脚步声！

浣熊睁开眼睛，猛地扑了过来！

我连"早上好"都顾不上跟它说，

就扎进了翻滚的浪花里！

扑通——

浣熊还不罢休，
它把大爪子探进水里，
啪嚓啪嚓不停地搅动着。

从现在开始我就要独自旅行了。

大白鹭正紧紧盯着水下。

我好害怕，只好躲到了垃圾下面。

大家都去哪儿了呢？

蔚蓝的、不可思议的世界，充满生机。

丝鲹从我身旁游过，

它们的身体泛着光芒。

跟着它们一起走吧！

小裂唇鱼钻进大褐石斑鱼的嘴里，

吃掉褐石斑鱼体内的寄生虫，

而褐石斑鱼绝不会吃掉裂唇鱼。

它们彼此依赖，互利共生。

现在就和裂唇鱼一起到褐石斑鱼的体内探险吧。

天黑了。大海被黑暗笼罩着。

夜间活动的鱼醒来了。

白天活动的鱼为了不被发现，

都睁着眼睛进入梦乡。

我还没有睡。

在黑暗中，我笔直地向远方游去。

咦，为什么在黑夜里还能按直线前进呢?

为什么鱼不会沉到海底？

为什么大海是蓝色的？

这片大海的前方有什么呢？

终于，在鲱鱼群的旁边，
fēi

我找到了失散的伙伴们。

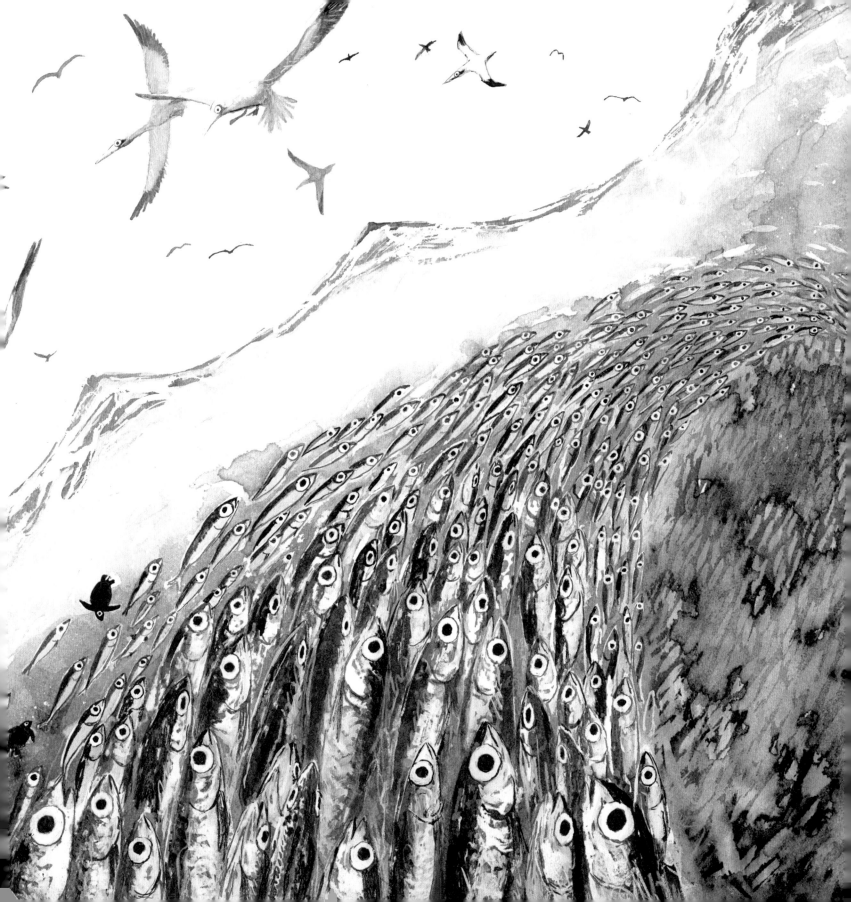

忽然，北方鲣鸟像导弹一样从天而降，

冲入大海，

狼吞虎咽地吃掉了我的伙伴们。

紧接着，成群的金枪鱼
像出膛的炮弹一样射过来。
不一会儿，伙伴们都没了。

哇，天哪！

最后是一头巨大的座头鲸，

它张开大口，一口气把所有东西都吞了下去。

啊——大家全都到座头鲸的肚子里了

慢慢成为它的一部分。

但大海很快又恢复了平静。

噼咔啦噜啦啦——

座头鲸先生吃饱了，心满意足地唱起了歌。

被吃掉的生命会怎样呢？

那些生命有了新的使命。

北方鲣鸟和金枪鱼会用它们来养育宝宝。

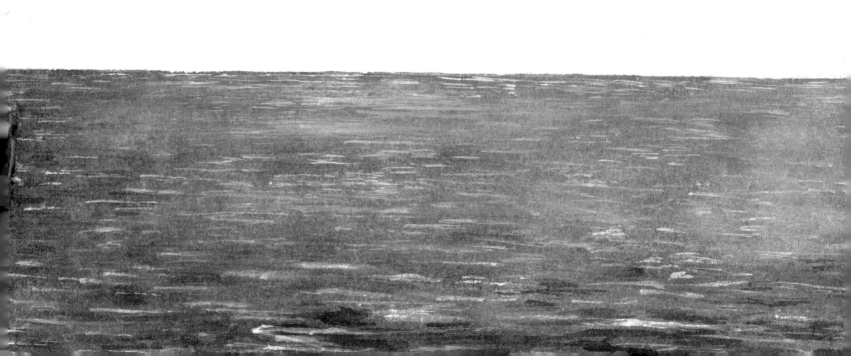

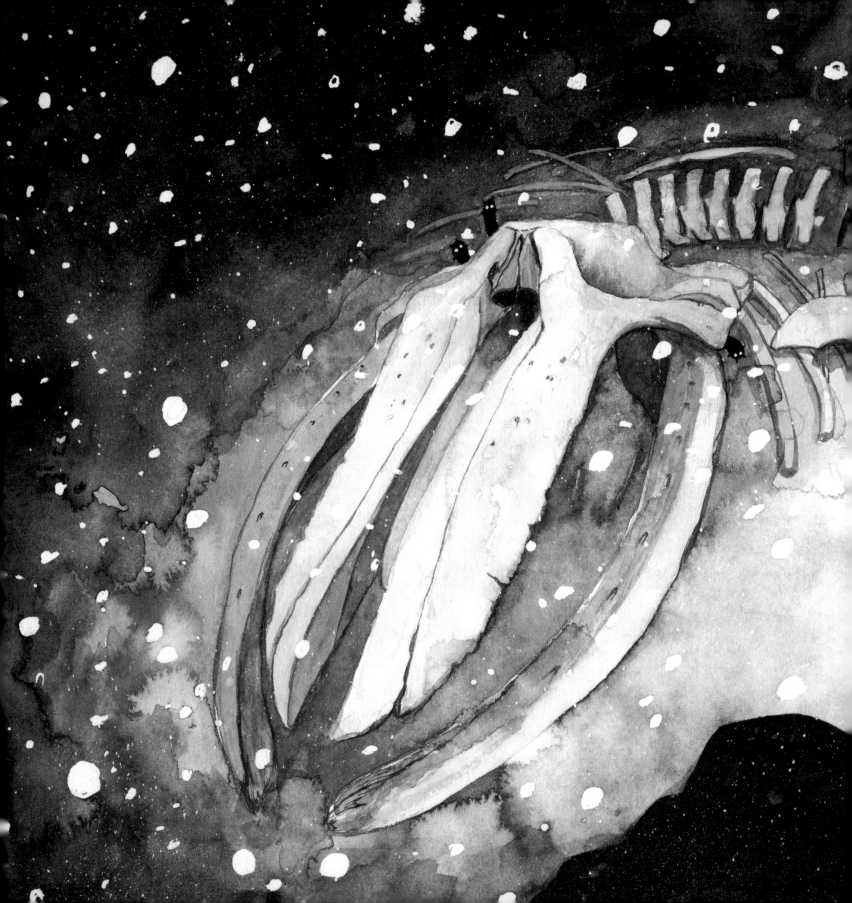

不管是什么生物，最后都会被吃掉，

将生命的接力棒传递下去。

座头鲸死后会沉到海底。

它的身体对于其他生物来说，

是永远也吃不完的点心城堡。

活着时长成的庞大身躯，

最后作为食物回归大海。

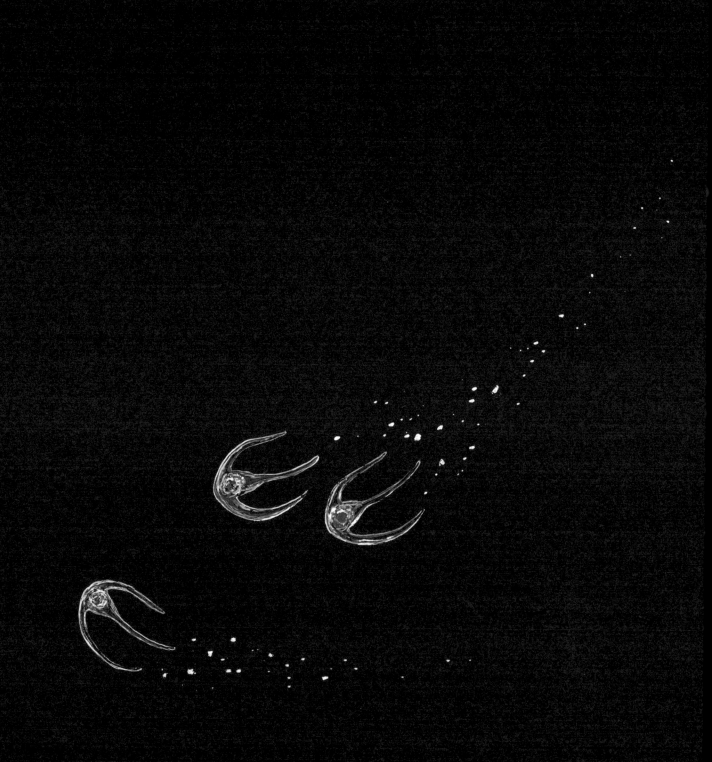

这些食物散落到世界各地，

哺育着我们肉眼看不到的微小生物。

它们是浮游生物，

海龟宝宝靠吃它们为生。

吃不是对生命的掠夺，

而是短暂的借用，

终有一天会还回去。

大海还有很多神奇的地方。

前面是一张巨大的网，阻断了一望无际的蔚蓝大海。

许许多多的生物都被网困住了。

除了鱼还是鱼，数不尽的鱼。

还有，还有——

从海面上看不到大海里的模样，

大海里是生机勃勃，还是死气沉沉呢？

浪花欢快地在海面上摇曳着，

闪闪的波光给大海罩上了一层面纱。

不过，不知道为什么，

一旦潜入大海，

到处都上演着生与死、吃与被吃。

在漂泊的旅程中，

我看过、听过、闻过、摸过各种各样的事物。

在经历种种之后，

我终于发现，

大海里始终是生机勃勃的，

有生，也有死。

现在是这样，

一直是这样。

海龟是这样的！

海龟和池塘里常见的草龟是远亲。在白垩纪中期（1.1 亿年前），海龟从其他龟类家族中分化出来，进化成今天的样子。海龟比其他龟类的体形更大，长长的四肢呈鳍状，身体扁平，很适合长距离游泳。不过，海龟无法像其他龟类那样把四肢缩进壳中，甲壳也没有生活在池塘和陆地上的龟类的那样硬。海龟可以根据水压改变甲壳的形状，在深海地区也能行动自如。

绿海龟的喙呈锯齿形，方便咬碎海草。生物的形态都是根据生存的需要进化出来的。

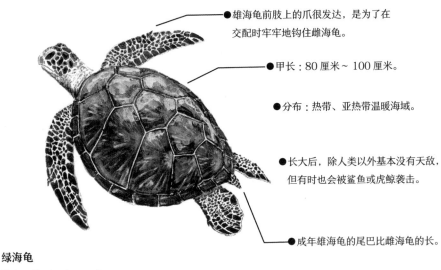

绿海龟
学名：Chelonia mydas

● 雄海龟前肢上的爪很发达，是为了在交配时牢牢地钩住雌海龟。

● 甲长：80 厘米 ~ 100 厘米。

● 分布：热带、亚热带温暖海域。

● 长大后，除人类以外基本没有天敌，但有时也会被鲨鱼或虎鲸袭击。

● 成年雄海龟的尾巴比雌海龟的长。

● 可以在水下憋气 50 分钟左右，冬天不爱活动。它的近亲蠵龟（红海龟）有过水下憋气 614 分钟的纪录。

● 海龟的一生

①海龟把卵产在海滩的沙子里。每次约产 100 枚卵。卵的直径约为 45 毫米。绘本第一张图上的卵就是按实际大小绘制的。海龟经常流泪，是因为它们必须把体内的盐以眼泪的形式排出体外。

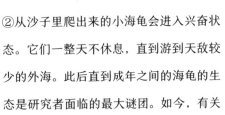

②从沙子里爬出来的小海龟会进入兴奋状态。它们一整天不休息，直到游到天敌较少的外海。此后直到成年之间的海龟的生态是研究者面临的最大谜团。如今，有关海龟仍有很多未解之谜。

③小海龟吃浮游生物，生长到一定阶段后，就会游到食物丰富的浅海生活，（绿海龟）主要以浅海的海草和海藻为食。海龟休息时潜到海底，一动不动，可以在水下停留将近一小时。

④成年海龟每年夏天会聚集到浅海地区交配。之后，雌海龟爬到沙滩上产卵。它们用后肢灵巧地挖出洞穴，把卵产在里面。据说海龟活到老生到老，老年海龟也会产卵。

目前还无法确切地知道海龟能活多久，但有观点认为海龟可以活 100 年左右。

海龟要消失了？

①兼捕问题

兼捕就是在商业捕捞的过程中会捕获目标鱼类以外的海洋生物。
海龟被渔民布下的渔网困住后,无法换气,多数会直接丧命。这是目前海龟数量减少的主要原因之一。

③过度捕捞

很多地区的人们如今仍在食用海龟的卵和肉。由于他们当中的很多人生活贫困,无法直接禁止他们捕食海龟。

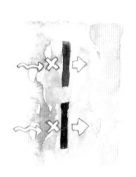

④沙滩减少

河流和大海源源不断地把沙子运到沙滩上,又把沙子带入海里,循环往复。但是,人类采集河里的沙石,并且在海里建造岛式防波堤阻止沙子上岸,导致被运送到沙滩上的沙子变少,供海龟产卵的沙滩也越来越少。

②垃圾问题

人类丢弃的塑料袋等塑料制品无法分解。海龟偶尔会把塑料当作水母误食,被塑料堵塞食道而死。所以,请把垃圾带走,不要乱丢。

塑料垃圾会吸附毒素,并且会在阳光的照射下分解成极微小的塑料微粒,使生物体内受到污染。

● 后 记

　　我在这本绘本中描绘了大约 30 种生物。它们都很有意思,完全可以取代海龟,自己当主角。它们中有些很凶恶、很可怕,有些滑溜溜的很恶心,但当你知道了它们是怎样生活的、吃什么、有哪些捕食技巧——对它们了解得越多,就会越喜欢它们。我在下一页给它们画了图鉴。对哪种生物感兴趣,就上网搜索它的相关信息吧。如果想了解更多不同种类的生物,可以买图鉴回来看一看,然后去动物园或水族馆,最好去山里或海边实地观察它们。说不定会发现图鉴上没有的新生物,发现新的问题。这些生物看似是独立的个体,其实它们相互帮助,共同生活在一起。像褐石斑鱼和裂唇鱼那样的好朋友自不用说,捕食海龟的鱼和鸟也是在帮助大自然控制海龟的数量,避免海龟过度繁殖。我们也处在这个互利共生的关系网中。所以,如果我们让生物的数量大幅减少,最终我们也无法生存下去。衷心希望大家在读完本书后,能够萌生"想要更多地了解生物"的想法,思考"我能为它们做些什么",为这颗星球的未来增添一份希望。

没有知识就无法保护好生物和大自然。遗憾的是,大部分成年人都缺乏这方面的知识。

登场生物图鉴

寄居蟹家族

寄居蟹会把贝壳背在身上保护自己。合身的贝壳很难得，有时寄居蟹还会抢夺其他寄居蟹身上的贝壳。

丝鲹

Alectis ciliaris

幼鱼的背鳍和腹鳍很长，像两条丝带，长大后变短。身体像镜子一样能反射光线，成群游过时，能形成一道美丽的风景线。

浣熊

Procyon lotor

生活在北美地区的杂食动物。常在进食前浣洗食物。

大白鹭

Ardea alba

繁殖期间，眼睛周围会变成黑色。经常出现在有鱼的河流和水田等地。发现鱼就会啄起来吃掉。

？？？？

空罐子里的神秘生物。在这本绘本中，它一直藏在空罐子里，所以不知道它是谁。

褐石斑鱼

Epinephelus bruneus

不怎么游动。平时捕食其他鱼，是肉食性鱼类。其实是一种特别美味的鱼。

普通章鱼

Octopus vulgaris

章鱼小丸子中的章鱼就是这种章鱼。它会喷出墨汁一样的液体干扰敌人的视线，还会变换身体的颜色和形态，是一种很聪明的生物。寿命为一年半。

冲绳带鱼

Trichiurus sp. 1

带鱼家族中的大个子，体长能达到 2 米。生活在 200 米以下的深海地区。夜间活动。这种活动习性叫作"夜行性"。

裂唇鱼

Labroides dimidiatus

以其他鱼身上的寄生虫为食。偶尔会有肉食性鱼类找上门来，请它帮忙"打扫卫生"。

纵带盾齿鳚 wèi

Aspidontus taeniatus

假装成裂唇鱼（拟态）接近其他鱼，啃咬它们的皮肤。

蠕纹裸胸鳝

Gymnothorax kidako

鳗鱼的亲戚。埋伏在洞穴里捕食鱼类。被它咬一口会很疼，但只要我们不伤害它，它就不会伤害我们。

青高海牛

Hypselodoris festiva

甲壳类家族的成员。橙色的触角可以用来闻气味。

尖吻鲀 tún

Oxymonacanthus longirostris

珊瑚礁鱼类。睡觉时竖起角，防止自己被水流冲走。现实中的模样比本书中的更艳丽，更好看。

座头鲸

Megaptera novaeangliae

巨型鲸,体长可达 15 米。特征是头上长有"疙瘩",鳍很长。据说鲸的歌声是用来传递讯息的。它们在说些什么呢?

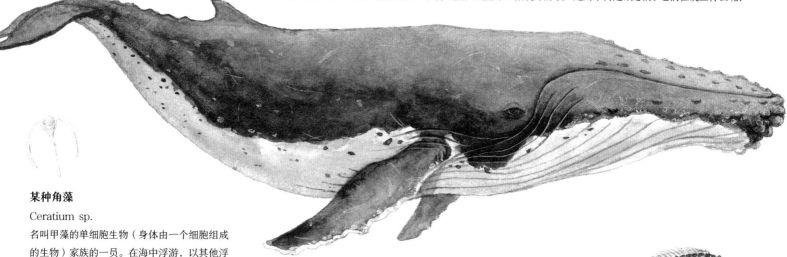

某种角藻

Ceratium sp.

名叫甲藻的单细胞生物（身体由一个细胞组成的生物）家族的一员。在海中浮游，以其他浮游生物为食。

虾家族

虾是海洋中最繁盛的生物之一。尤其在北极和南极数量众多，吸引鲸去觅食。

六带拟鲈

Parapercis sexfasciata

身材娇小的食肉鱼。年幼时是雌性，长大后变成雄性！这种现象在鱼的世界中很常见。

大眼金枪鱼

Thunnus obesus

游速很快，但要不停地游动，否则会窒息而死。和海龟一样，也被列入濒危物种红色名录。由于肉质美味，如今仍被过度捕捞。

灰三齿鲨

Triaenodon obesus

身体细长，能钻进狭窄的缝隙中。在夜间集体捕猎。鲨鱼看起来很凶恶，但其实很少攻击人类。如果你在海洋馆中看到它们的嘴一张一合，那是在呼吸。

蒲氏黏盲鳗

Eptatretus burgeri

在深海清理动物的尸体。遇到袭击时，它会从皮肤处分泌出滑溜溜的黏液，堵住捕食者的鳃，使之丧命。

北方鲣鸟

Morus bassanus

生活在大西洋上。觅食时潜入水下，一边潜水一边捕鱼。为了防止鼻子进水，这种鸟的鼻孔退化消失了。

脂眼鲱

Etrumeus teres

成群结队地游泳，以浮游生物为食。在大自然中，被大量捕食的生物的繁殖能力都很强。这种鱼一次可产约 3 万枚卵。

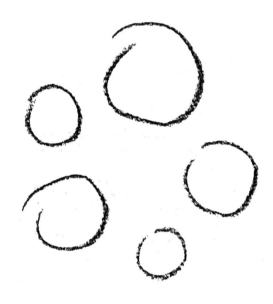

然后，再一次回去！

就让我一些正文中还能写下的[有些深度的]海龟的有趣的东东吧。

洄游很远，稍习泳。

关于海龟宝宝的颜色

在边是绿海龟宝宝。它的背部是黑色的，腹部是白的。绝大部分的是来自白色。可于海洋生物的来说，背部有腹色。腹部雪白。这样的色彩搭配起来从上为看为看又能和天空一样明亮，从下能和海水融为一体，不容易被天敌发现。

成年的绿海龟个体

随着年龄的增长，海龟的体形会越来越大，而且幼小时候不同，鳞片会分化也风黑色和白色的两部分。随着年龄的增长，海龟的体形会越来越大，白色部分是风年后新长来的。所以，观察绿海龟头部的鳞片是怎样长大的，就能了解鳞片是怎样长大的。

鳞起

怎样辨别绿海龟和蠵龟

区分绿海龟和蠵龟最可靠的方法是观察海龟头部的前额鳞。如左图所示，区别还是很大的，蠵龟的头部有一种前额鳞，区别还是很大的，蠵色主要以见头为主，蠵色的头部要大。为了战胜只见，科学家认为，将它记为3块这样的下颌。它们还为3块这样的下颌。

绿海龟

蠵龟

肉片的前额鳞

它只头记为3片一块圆围一片小鳞片

海龟的头部和四肢表面布满鳞片，能起很高防御作用。这法把头和四肢缩进甲壳里。大的鳞片，是因为海龟和其他龟类不同，无法把头和四肢缩进甲壳里。

乌龟 (Chinemys reevesii)

主要生活在河流、水田里。属于淡水动物。

没有海龟那样的鳞片，因为它可以全缩进甲壳里。

可以一下